창의적인 아이

상상력이 폭발하는 생각놀이

창의적인 아이

상상력이 폭발하는 생각놀이

필립 브라쇠르 지음   김현아 옮김

한울림

창의력과 이 책에 대한 궁금증

Q 창의력이란 무엇인가요?

A 틀에서 벗어나 생각하는 능력, 기존
에 없던 것을 만들어내는 능력, 알고
있던 지식을 바탕으로 쓸모 있는 무
언가를 창조해내는 능력을 창의력이
라고 합니다.

Q 창의력은 왜 중요한가요?

A 정보화 시대를 지나 제4차 산업혁명 시대로 접어들고 있는 지
금, 변화하는 세상에 대처하기 위해서는 이미 알고 있는 지식
이나 과거의 문제해결 방식을 그대로 답습하는 것만으로는 충
분하지 않습니다. 급변하는 시대에 있어서 문제를 인식하고 기
존의 지식을 융합하여 새로운 것을 만들어내는 창의적 사고의
중요성은 점점 커지고 있습니다.

Q 이 책은 어떤 사람들이 보면 좋은 책인가요?

A 아이들의 창의력을 키워주고 싶어하는 부모, 교사들에게 꼭 필요한 책입니다. 이 책은 아이들의 창의력 발달만 돕는 게 아닙니다. 아이들에게 시범을 보이고, 나양한 놀이활동을 힘께 하면서 어른들 역시 잃어버렸던 자발성과 잠재되어 있던 창의력을 발견하게 됩니다.

Q 이 책이 어떻게 창의력을 키워주나요?

A 이 책은 다양한 영역의 놀이활동을 담고 있는 데다가 각각의 활동을 단계별로 자세히 안내하고 있습니다. 정해진 답을 구하는 활동이 아니라 개개인의 상상력에 따라 독창적인 결과물을 만들어내도록 구성했기 때문에 창의력을 발달시키는 데 도움이 됩니다.

우리가 버려야 할 선입견

창의력은 타고나는 것이다?

아닙니다! 새로운 것을 창조하는 능력은 누구에게나 있습니다. 그러나 안타깝게도 읽기, 쓰기, 셈하기와 같은 본격적인 학습이 시작되면서 어떠한 제약 없이 자유롭게 생각하는 능력은 점점 사라져버리죠. 창의성을 깨우는 것은 자발성을 깨우는 것과 별반 다르지 않습니다. 이 책을 통해 잠들어 있던 창의성을 깨워보세요!

창의적인 사람은 아이디어가 많은 사람이다?

아닙니다! 생각해낸 수많은 아이디어가 모두 창의적인 결과물로 이어지지는 않습니다. 따라서 아이디어가 많다고 해서 창의적이라고 말하기는 어렵습니다. 창의성 전문가 로저 폰 외흐(Roger Von Oech)가 말하길, 창조적인 사람은 다음과 같은 네 가지 성향을 보인다고 합니다.

- 탐험가처럼 모든 것에 호기심이 있고, 늘 궁금한 것이 많은 사람
- '다르게' 볼 줄 알고, 생각지도 못한 것을 찾아내는 사람
- 여러 가지 아이디어 중에서 버릴 것은 버리고, 취할 것은 취해서 보다 안성도 높은 아이디어로 발전시키는 사람
- 자신의 아이디어를 구체화시키고, 사람들 앞에서 내놓을 수 있는 의지와 힘이 넘치는 사람

창의력은 예술가나 창의적인 직업을 가진 사람에게 필요한 능력이다?

아닙니다! 창의력은 원활한 의사소통을 위해서도, 우리가 겪고 있는 곤란한 문제들을 해결하기 위해서도 꼭 필요한 능력입니다. 과학의 발전, 인류의 진보는 모두 창의력이 있어 가능했습니다. 이렇게 나의 생각을 남에게 효과적으로 전달하고, 우리의 삶을 윤택하게 만들기 위해 창의력은 누구에게나 없어서는 안 되는 능력입니다.

창의력은 지적 능력보다 덜 중요하다?

아닙니다! 물론 지적 능력 또한 우리가 살아가는 세상을 이해하는 데 도움이 되는 능력 가운데 하나임은 틀림없습니다. 하지만 지식을 축적하는 것으로 끝이라면, 인간이 기계와 다를 것이 없겠지요. 창의력은 지식을 조합하고, 유추하고, 서로 다른 영역 사이에 다리는 놓는 능력으로 제4차 산업혁명 시대의 핵심 역량으로 주목받고 있습니다.

창의적 활동은 천재를 만들기 위한 것이다?

아닙니다! 아이의 창의성을 북돋우는 것은 아이를 천재로 키우기 위해서가 아닙니다. 아이의 호기심과 자발성을 이끌어내고, 아이가 가진 잠재력과 가능성을 키우기 위한 활동입니다.

차례

워밍업

❔

창의력이 쑥쑥 자라는
환경 만들기

창의적으로 사고할 수 있는
공간 꾸미기

감각에 자극을 주는 요소들로 다채롭게 꾸며진 공간은 아이가 독창적인 사고를 하는 데 도움이 됩니다.

🐱❓ 이것저것 붙일 수 있는 게시판

코르크판이나 자석 칠판을 준비하여 아이가 원하는 것을 자유롭게 붙일 수 있게 합니다. 사진, 잡지에서 오린 그림, 지도, 예쁜 엽서 등 아이가 원하는 것은 어떤 것이든 붙일 수 있게 해주세요.

🐱❓ 더러워져도 괜찮은 공간

아이가 이것저것 시도를 하다 보면 주위 환경이 더러워지기 마련입니다. 더럽다고 아이의 행동을 못 하게 말릴 것이 아니라 아이가 자유롭게 사고하고 표현할 수 있도록 더러움이 허용된 공간을 제공해주세요.

- 책상 위에 고무 매트를 깔아 더러워져도 쉽게 닦을 수 있게 합니다.
- 바닥에도 넉넉한 크기의 세탁이 쉬운 매트를 깔아둡니다.
- 연필, 수성펜, 물감, 가위, 끈, 색종이 등 다양한 도구를 갖춰둡니다.

😮 상상력을 자극하는 미술작품

색감이 좋거나 신비로운 분위기를 풍겨 아이의 호기심을 자극할 만한 그림을 골라 벽에 걸어둡니다. 그림액자를 구매하거나 인터넷에서 찾은 그림을 컬러 출력해 벽에 붙여둬도 좋습니다.

- **추천 작품** 데이비드 호크니 〈풍경〉, 프란츠 마르크 〈푸른 말〉, 사울 스타인버그 〈군중〉, 키스 해링 〈춤추는 사람들〉, 앙리 루소 〈적도의 정글〉, 파울 클레 〈황금물고기〉, 호안 미로 〈블루〉 연작 등

😮 변화를 보여주는 보물나무

화분에 나뭇가지를 단단히 고정시켜 아이가 직접 나무를 꾸밀 수 있도록 합니다. 벚꽃, 낙엽, 크리스마스 장식, 종이로 접은 새 등 직접 만든 물건이나 밖에서 구해온 물건으로 나무를 꾸며보는 활동을 통해 아이가 주변 환경의 변화를 느끼고, 느낀 것을 자유롭게 표현할 수 있게 도와줍니다.

창의적 사고를
방해하는 생각들

아이들의 창의성을 높이기 위해서는 먼저 자유로운 사고에 제동을 거는 부정적인 생각들을 알아볼 필요가 있습니다.

다른 사람들이 나를 어떻게 생각할까?
- 남의 시선을 의식하는 아이

엄마 아빠한테 도와달라고 해야지.
- 의존성이 강한 아이

나는 이것도 저것도 다 못해.
- 자신감이 없는 아이

선생님이 보여준 거랑 똑같이 만들어야지.
- 규칙이나 예시를 그대로 따르는 아이

분명히 잘 안 될 거야.
- 실패가 두려운 아이

누가 봐도 '잘 그렸다'고 말할 만큼 잘 그려야지.
- 다른 사람을 기쁘게 하고 싶다는 욕망이 강한 아이

아이들에게
영감을 주는 말들

아이들의 창의성을 북돋아주려면 엉뚱하고 자유분방한 생각을 수용해주고,
적절한 말과 행동으로 사고를 수어 상의성의 통로를 훨씬 얼어주어야 합니다.

"네 덕분에 나도 배웠어.
생각지도 못했던 건데 정말 대단한 걸."
- 어린 아이도 어른에게 무엇인가를
가르쳐줄 수 있다는 것을 보여주기

"편한 마음으로 해 볼까?
성적이 전부가 아니니까."
- 다른 사람의 판단이나 결과에
신경쓰지 않고, 자유롭게 학습할 수
있는 환경을 조성해주기

"네가 그린 그림을 보니 빈센트 반
고흐의 <별이 빛나는 밤>이 생각난다.
고흐가 그린 그림들을 함께 찾아볼까?"
- 아이가 만들어낸 것과 아이의 관심사에
맞추어 문화적 소양을 기를 수 있는
다양한 자료를 제공해주기

"와! 아주 독특하게 만들었는걸.
다른 사람들에게 보여줘도 될까?"
- 독창적인 아이디어를 존중하고,
아이디어가 가진 가치를 강조하기

창의성이 사라지게 만드는
10가지 방법

아이의 자유로운 사고를 가로막고, 창의성이 사라지게 만드는 말과 행동을 하지 않았는지 평소 자신의 모습을 되돌아보세요.

1. 아이가 요구한 대로 행동하지 않거나 자기 마음대로 하면 당장 못 하게 한다.

2. 장난감이나 학용품 등 아이 물건 말고는 만지지 못하게 한다.

3. 복잡한 문제를 풀 때나 창의적인 놀이를 할 때 시간이 많이 소요되면 못 하게 한다.

4. 아이가 두려움을 느끼고 움츠려들까 걱정돼서 새로운 경험을 쌓을 기회를 피한다.

5. 실현 불가능한 것을 상상하거나 앞뒤가 맞지 않는 생각을 할 때 논리적으로 사고하도록 고쳐준다.

6. 안정감을 갖도록 규칙적인 생활습관을 엄격하게 지키게 한다.

7. 더럽고 위험한 것은 사전에 차단하고, 철저하게 금지시킨다.

8. 단 일 분도 아이가 지루해할 틈을 주지 않는다.

9. 아이가 자유롭게 질문하거나 말하지 못하게 한다.

10. 부모나 교사가 훨씬 아는 것이 많고, 옳은 판단을 할 수 있다고 강조한다.

생각해볼 이야기 창의성이 부족한 아이들의 경우 다음과 같은 전형적인 특징을 가지고 있다는 연구 결과(Torrance, 1970)도 있습니다. "어른의 말을 잘 듣고, 사회에 잘 적응하고, 규칙을 잘 지키고, 신중한 성격을 가지고 있음."

창의적 사고를 키우는
시간표 짜기

놀이를 위한 시간을 따로 내지 않아도 생활패턴을 조금씩 달리 하는 것만으로 생활 속에서 매 순간 아이의 창의력을 높일 수 있습니다.

	일반적인 아이	창의적인 아이
7시 30분	아이를 깨우고, 옷을 갈아입힌다.	아이를 깨우고, 아이에게 오늘 입을 옷을 고르게 한다.
8시	아침식사	간단한 퀴즈놀이를 하며 아침밥을 먹는다. ▶ 66~67쪽 참고
8시 30분	등교	예를 들어 '어느 날 해가 뜨지 않으면 어떻게 될까요?' 같은 질문의 답을 함께 생각해보며 학교에 간다. ▶ 47쪽 참고
9시 10분~ 14시 30분	학교 수업	학교 수업
15시	하교	항상 오가던 익숙한 길이 아니라 학교에서 집으로 돌아오는 다른 길을 찾아본다.
16시	함께 마트 가기	한 번도 먹어보지 못한 식품을 골라보게 한다.
17시 30분	목욕 시키기	스펀지 같은 목욕용품을 다른 용도로도 사용할 수 있는지 함께 생각해본다. ▶ 68~69쪽 참고
18시	텔레비전 보기	텔레비전이나 스마트폰을 보지 않고 색칠놀이를 하거나 춤을 추면서 시간을 보낸다. ▶ 103, 122쪽 참고
19시	저녁식사	아빠가 엄마가 되고, 아이가 엄마/아빠가 되는 역할놀이를 하며 저녁밥을 먹는다. ▶ 30~31쪽 참고
19시 30분	대화하기	주제를 정하고, 다 함께 이야기를 완성한다. ▶ 6장 참고
21시	잠자리에 들기	다양한 방법으로 자장가를 불러준다. ▶ 119쪽 참고

창의성에
반응하는 방법

아이의 창의성에 반응할 때는 아이들 각자가 가지고 있는 잠재성을 반드시 고려해주세요.

유창성

쉬지 않고 계속해서 많은
아이디어를 만들어내는가?

독창성

참신하고 독특한 아이디어를
만들어내는가?

유연성

한 가지 문제에 대해서
접근 방식이 다양한가?

정교성

다듬어지지 않은 아이디어를
정교한 것으로 발전시키는가?

생각해볼 이야기 영리하다는 것은 이미 습득한 특정한 규칙을 활용해 수학, 과학, 언어 등 다양한 분야의 문제를 이해하고 해결할 줄 안다는 것입니다. 하지만 뉴턴, 에디슨, 아인슈타인이 영리하기만 했을까요? 절대로 아닙니다. 그들은 누구도 의문을 품지 않았던 것들에 의문을 품었고, 자신들이 가지고 있는 지식을 다르게 조합해 문제의 답을 찾아냈습니다. 제4차 산업혁명의 시대, 우리 아이를 어떤 아이로 키워야 할까요?

나는 아이들의 창의성을
키워주는 사람일까?

아이의 작품에 점수를 매기거나 다른 아이들의 작품과 비교하면서 평가를 하면 아이는 새로운 것을 만들어내는 기쁨을 잃어버리게 됩니다. 과연 '나'는 아이의 창의력 발달에 도움을 주는 사람인지 평상시 태도를 점검해봅시다.

● 다음 네 가지 항목 중에 '나의 태도'에 가장 가까운 것을 고르세요.

Q **만들기 시간, 활동 전에 내가 할 말은?**

♠ 오늘은 찰흙을 준비했어. 이 찰흙으로 너희가 만들고 싶은 것을 만들 수 있어. 찰흙으로 뭔가를 만들고 싶지 않은 사람은 스케치북에 그림을 그려도 좋아. 자, 모두들 재미있게 만들어보자.

♣ 찰흙의 비밀을 함께 알아볼까? 먼저 찰흙으로 무엇을 만들 수 있는지부터 시험해보자. 다들 각자 만들고 싶은 걸 만들어봐. 깜짝 놀랄 만한 작품이 나올 것 같아!

♥ 이제부터 크리스마스트리에 걸어둘 별을 만들어볼 거야. 너희들이 쓸 찰흙과 도구도 준비해뒀어. 미리 만들어둔 세 가지 별 모양이 있는데, 이 중에 한 가지를 골라 따라 만들어보렴. 자, 모두 잘 만들어봐.

♦ 내가 조각한 것을 너희들에게 보여주려고 가져왔어. 내가 어떻게 이 작품을 만들었는지 너희들에게 설명해줄게. 설명을 들은 후 찰흙으로 각자 만들고 싶은 걸 만들어보자.

Q 찰흙을 앞에 두고 아무것도 못 하고 가만히 앉아 있던 아이가 "양을 어떻게 만드는지 모르겠어요."라고 한다면?

♠ 실제 양과 똑같이 닮지 않아도 된다고 말해주고, 아이가 생각하는 양의 특징이 드러나기만 하면 된다고 알려준다.

♣ 아이에게 "양의 발은 몇 개지?", "양은 뿔이 있을까?"와 같은 여러 가지 질문을 던지고, 경우에 따라서는 양이 그려진 책을 찾아보라고 넌지시 말한다.

♥ 양의 특징이 한눈에 들어오는, 잘 만들어진 작품을 본보기로 보여준다.

♦ 도움을 주기 위해 양의 뼈대를 만들어준다.

Q 한 아이가 찰흙을 종잇장처럼 납작하게 눌러 그 위에다 밤하늘을 새겼다면?

♠ 정말 훌륭하다고 감탄하면서 원한다면 다른 활동을 할 수 있다고 말해준다.

♣ 독창적인 작품이라고 칭찬하면서 방금 만든 작품이 '부조'의 일종이라고 설명해준다. 그리고 다음에는 고무판이나 리놀륨판에 그림을 새겨보는 것은 어떻겠냐고 제안한다.

♥ 멋진 작품을 만들긴 했지만, 다른 아이들처럼 입체적인 작품을 만들었으면 좋았을 거라고 말해준다.

♦ 생각지도 못한 아주 기발한 작품을 만들었다고 칭찬을 해준다. 그리고 아이가 구상한 것에 세부적인 것을 덧붙여 완성도 높은 작품을 같이 만든다.

Q 만들기 활동을 마무리하며?

♠ 활동이 끝나기 10분 전에 만들기를 멈추라고 하고, 언제나 그랬듯이 활동과 관련한 이야기 하나를 들려준다.

♣ 만들기를 하면서 어려웠던 점, 새로 알게 된 것에 대해 이 야기를 나눈 뒤 아이들이 만든 작품을 전시하는 것으로 활동을 마무리한다.

♥ 아이들의 곁을 지나다니며 말한 대로 잘 만들고 있는지 확인한다.

♦ 시간 내에 완성도 높은 작품을 만들어낸 아이를 칭찬하면서 이 활동이 어떤 의미가 있는지 아이들에게 설명한다.

● 테스트 결과

♠를 가장 많이 고른 사람

당신은 아이의 자발성을 믿고, 아이가 하고 싶은 것을 하도록 내버려두는 사람입니다. 늘 아이를 후하게 칭찬해주며, 아이가 만들어낸 것을 절대 비판하거나 평가하지도 않죠. 하지만 현재 아이의 창의력 발달에 도움이 될 만한 다양한 자극을 아이에게 제공해주고 있는지 고민이 필요합니다.

♣를 가장 많이 고른 사람

당신은 아이가 스스로 맘껏 표현할 수 있도록 도움을 주는, 아이의 창의력을 북돋아주는 방법을 잘 알고 있는 사람입니다. 또한 아이들의 창의성에 도움이 되는 적절한 도구와 자극을 제공할 줄도 압니다. 아이들 각자가 자신의 재능을 꽃피울 수 있게 하는 훌륭한 지지자, 그게 바로 당신이에요!

♥를 가장 많이 고른 사람

당신은 창의적인 작업을 통해서 멋진 결과물을 얻어내는 것을 가장 중요한 목표로 삼는 사람입니다. 열심히 자료를 수집하여

근사한 모델을 찾아내고, 그 모델처럼 멋진 결과물을 아이들이
만들어내도록 이끌죠. 하지만 그렇게 해서 아이들이 얻을 수
있는 건 무엇일까요?

◆ 를 가장 많이 고른 사람
당신은 분명 창의적인 사람입니다. 하지만 아이들 각자가 가지
고 있는 창조적인 에너지를 찾아주는 데는 부적이나 서투네요.
혹시 당신의 뛰어난 재능으로 아이들을 주눅 들게 만들고 있지
않은지 다시 한번 생각해보세요.

1장

세상에 당연한 게
어딨어?

규칙이 뒤죽박죽!

이 놀이는요

평소 식사 시간에 지켰던 규칙을 버리고, 새롭게 정한 규칙대로 온 가족이 식사를 해 보는 놀이입니다. 우리가 생활하는 데 있어 절대적인 규칙이 있는 것이 아니라 여러 가지 생활방식이 있다는 사실을 깨닫게 됩니다.

이렇게 놀아요

1. 몸에 익은 식사예절을 하나씩 점검해봅니다.
2. 그동안 식사 시간에 지켜왔던 규칙을 대체할 다른 규칙을 정합니다.

평소 지켰던 규칙		새로 만든 규칙
식탁에서 먹는다.	⇨	바닥에서 먹는다.
수저를 사용해 먹는다.	⇨	깨끗이 씻은 손으로 먹는다.
그릇에 따로 담아 먹는다.	⇨	큰 접시 하나에 같이 먹는다.
조용히 먹는다.	⇨	노래를 부르며 먹는다.
식사가 끝난 뒤 후식을 먹는다.	⇨	후식으로 먹을 음식을 식사 전에 먹는다.

3. 평소와 다르게 새로 만든 규칙에 따라 식사를 합니다.

다르게 놀아볼까?

식사예절 외에도 다양한 상황(인사, 옷차림)에서 제한 시간을 두고, 늘 지키던 규칙 대신 새로 정한 규칙대로 행동해보세요. 이러한 경험을 통해 우리와 다른 생활방식, 즉 다른 나라나 지역의 문화적 관습에 대해 이해할 수 있습니다.

누구야, 누구?

내가 아닌 다른 사람이 되어보는 놀이입니다. 예를 들어 아이가 부모가 되고, 부모가 아이가 되는 식으로 역할을 바꿔보는 놀이를 통해 자기중심적인 사고에서 벗어나 다른 관점에서 사물을 바라보는 눈을 갖게 됩니다.

이렇게 놀아요

1. 역할놀이가 처음일 때는 부모와 아이가 서로 역할을 바꾸거나 동생과 언니가 역할을 바꾸는 방식으로 익숙한 사람으로 먼저 변신해봅니다.

   > **잠깐!** 이 놀이를 조롱이나 놀리는 것으로 받아들이고 싫어하는 아이들도 있습니다. 그럴 땐 즉시 놀이를 멈추고, 아이와 이야기를 나누세요.

2. 아이가 역할놀이에 거부감이 없으면 병원놀이, 가게놀이, 식당놀이, 학교놀이 등 다양한 역할놀이를 해봅니다.

3. 역할놀이를 할 때 적절한 소품을 이용하면 더 좋습니다. 완벽한 변신을 도와줄 다양한 물건들을 준비해보세요.

아빠로 변신할 수 있는 물건　면도기, 넥타이, 구두
요리사로 변신할 수 있는 물건　앞치마, 위생모, 각종 조리도구

03

변화가 좋아!

이 놀이는요

호기심을 잠재우는, 판에 박힌 일상에서 벗어나 기꺼이 새로운 것과 맞닥뜨리며 상상력을 자극하는 활동입니다.

이렇게 놀아요

1. 다음 예시처럼 '변화가 있는 일주일 일정표'를 작성해봅니다.
2. 가족 모두가 잘 볼 수 곳에 일정표를 붙여놓고 매일 한 가지씩 실천해봅니다.
3. 일주일 동안 변화된 삶을 살아보고, 각자 무엇을 느꼈는지 이야기를 나눠봅니다.

예시 ✧✧ 변화가 있는 일주일 일정표

월요일	이제까지 한 번도 먹어보지 않았던 음식을 만들어본다(새로운 요리법을 찾아본다).	하루 종일 텔레비전이나 스마트폰을 보지 않는다.	식사 시간과 샤워 시간을 바꿔보는 식으로 늘 똑같이 되풀이되는 일정을 바꿔본다.
화요일	평소와는 다른 장소에서 식사를 한다.	적어도 3개월 동안 입은 적 없었던 옷을 입는다.	5분 동안 혼자서 아무것도 하지 않고 바닥에 누워 있어 본다.

수요일	평소보다 30분 일찍 일어난다.	처음 듣는 음악을 들어본다.	내가 바랐던 일이 이루어진 것을 축하하는 파티를 연다.
목요일	한 번도 본 적 없는 방송 프로그램을 본다.	식탁의 위치를 바꾸어본다.	적어도 3개월 동안 만나지 않았던 친구에게 전화를 해본다.
금요일	학교나 직장에서 돌아올 때 평소와 다른 길로 온다.	집 안 장식물을 두 가지 이상 바꿔본다.	가족끼리 돌아가며 이야기를 만들어본다. ▶ 6장 참고
토요일	쇼핑을 할 때 이제까지 한 번도 사보지 않았던 식품을 적어도 세 가지 이상 산다.	온 가족이 도서관에 가서 읽지 않았던 책 중에서 한 권씩 고른다.	전에 보지 않았던 신문(잡지)을 읽는다.
일요일	자연에서 찾은 것을 집으로 가져와 자세히 관찰한다.	낯선 장소를 방문해보거나 한 번도 경험하지 못한 체험활동에 참가해본다.	이제까지 한 번도 해본 적이 없는 놀이를 가족 모두가 함께 해본다.

나무를 찾아라!

시각 외에 촉각, 후각 등 다른 감각만으로 대상을 찾는 놀이입니다. 자연 속에서 뛰어놀면서 시각, 청각, 후각, 미각, 촉각의 자극을 통해 상상력을 키울 수 있어요.

이렇게 놀아요

1. 아이의 눈을 안대나 천으로 가립니다.
2. 눈을 가린 아이를 나무로 데리고 갑니다.
3. 아이에게 나무를 안거나 냄새를 맡고, 나무의 표면을 만져보게 하는 등 다양한 방법으로 어떤 나무인지 기억하게 합니다.

4. 다시 출발 지점으로 돌아와 눈 가리개를 푼 후 아이 혼자서 아까 만졌던 나무를 찾아보게 합니다.

하늘을 보고 바닥에 누운 아이의 몸을 나뭇잎으로 덮어주세요. 아이에게 나뭇잎 담요를 덮은 채로 2분 동안 눈을 감고 주변에서 들리는 소리에 귀 기울이게 합니다. 마치 북아메리카 인디언처럼 말이죠. 인디언들은 이렇게 자연을 온몸으로 느끼는 시험을 거친 후에야 숲과 마음을 나눌 수 있는, '한 인간'이 된 것으로 인정하는 전통이 있다고 하네요.

마법의 양탄자를 타고

하늘을 나는 마법의 양탄자를 타고 아이가 가고 싶은 곳으로 여행을 떠나보는 놀이입니다. 사막, 남극, 정글 등 어디든 좋아요. 무한한 상상력을 바탕으로 신나는 모험의 세계로 떠날 수 있답니다.

1. 주변을 어둡게 하고, 최대한 조용한 환경을 만듭니다.
2. 아이의 손을 잡고 양탄자에 눕습니다.

3. 아이가 가고 싶은 곳으로 마법의 양탄자를 타고 상상 속 여행을 시작합니다.
4. 눈을 감은 채 오감을 통해 머릿속에 떠오르는 이미지들을 먼저 자세히 말해봅니다. 날씨, 길거리 풍경, 맛있는 음식 냄새, 양탄자의 속도 등 여행을 하면서 보고 느낀 것 모두를요.
5. 다음으로 아이가 이야기를 덧붙여 이어갑니다.
6. 여행이 끝나면 다음에 또 다른 곳으로 여행을 가기로 아이와 약속합니다.

다르게 놀아볼까?

아이가 꾸는 꿈을 다른 형태로 표현해보는 것도 좋은 놀이가 됩니다. 기분 좋은 꿈이든 악몽이든 아이가 꾸는 꿈을 그림이나 몸짓, 이야기 등 다양한 도구를 통해 바깥으로 드러나게 해주세요. 이때 주의할 점은 아이의 꿈을 해석하려 해서는 안 된다는 겁니다. 꿈을 해석하는 일은 까다로운 데다가 전문가의 영역이니까요.

그러는 척

아이가 상상한 것을 현실에서 실현해보는 놀이입니다. '진실'과 '거짓'의 아슬아슬한 경계에서 그러는 척하면서 아이의 엉뚱한 상상에 맞장구쳐 주세요. 그러면 아이는 더 기발하고 멋진 생각을 하게 된답니다.

1. 아이에게 현실에서 실현하고 싶은 상상에 대해 물어봅니다.
2. 나쁘거나 위험한 것은 제외하고 아이가 주도적으로 놀이를 이끌어나가게끔 아이의 상상에 장단을 맞춰주세요.

예시 ◇◇ 아빠 배 속에 라디오가?

어떡하죠? 아빠가 실수로 라디오를 먹어버렸어요. 아빠 입에서 노래가 흘러나와요. 아빠의 코를 누르자 노래가 멈추고, 다시 코를 누르니 멈췄던 노래가 다시 흘러나와요. 배꼽을 꾹 하고 눌렀더니 갑자기 뉴스가 나오네요. 다시 한번 배꼽을 누르면 뭐가 나올까요?

아무것도 하지 않고 멍~

이 놀이는요

말 그대로 아무것도 하지 않는 거예요. 책, 텔레비전, 스마트폰 따위는 손에서 내려놓고, 조용한 공간에서 아무것도 하지 않고 가만히 있는 겁니다. 멍하니 있는 시간은 우리 뇌에 쉬는 시간을 줌으로써 창의력과 기억력을 높이는 놀라운 효과가 있어요.

이렇게 놀아요

1. 숲속, 풀밭 위, 조용한 집 안 어디든 멍하니 있을 수 있는 환경을 마련합니다.
2. 조용한 환경에서 아이가 원하는 만큼 아무것도 하지 않고 시간을 보냅니다.

2장

?

세상 모든 것이
궁금해

답이 여러 개인 수수께끼

이 놀이는요

한 사람이 엉뚱한 형용사 2개를 이용해 문제를 만들고, 다른 사람들이 문제의 답을 알아맞히는 놀이입니다. 수수께끼와 비슷하지만 정답이 정해져 있지 않다는 점에서 일반적이 수수께끼와는 달라요. 놀이를 하면서 머릿속에 있는 이미지들을 탐색하고, 혼합하여 새로운 것을 만들어내는 능력을 기를 수 있습니다.

이렇게 놀아요

1. 어른이 먼저 엉뚱한 형용사 2개를 써서 문제를 만듭니다.
2. 수수께끼를 푸는 아이들의 나이가 어린 경우 말로 대답을 하게 하고, 7세 이상인 경우 제한 시간을 두고 생각한 답을 글로 쓰게 합니다.
3. 3분 안에 가장 많은 답을 찾아내는 사람이 승리합니다.
4. 승리한 사람이 다음 문제의 출제자가 되어 다시 수수께끼 놀이를 시작합니다.

멋쟁이 마녀

둥실 떠다니는
빨간 양배추

빨간색 물감을
뒤집어 쓴 슈퍼맨

빨간 렌즈로 보이는 참새

다르게 놀아볼까?

익숙하지 않은 색다른 물건을 가지고 수수께끼 놀이를 해 보세요. 사람들이 물건에 대해 질문을 하면 물건을 내놓은 사람은 그 질문에 '예, 아니오'로만 답을 해야 합니다. 물건의 쓰임새에 대해 유추해볼 수 있는 아주 재미있는 놀이에요.

이건 일곱 난쟁이의
화장실이에요?

아니오.

답　나무로 만든 에그 트레이

이런 게 아닐까?

아이가 어떤 현상에 대해 의문을 가질 때, 아이 나름대로 그 이유를 생각해보게 하고, 실제 원리를 같이 찾아보면서 아이의 탐색 능력을 키워주는 놀이입니다.

이렇게 놀아요

1. 아이가 궁금해하는 것에 대해 아이의 생각을 묻습니다.
2. 정답을 찾기 위한 질문이 아니므로, 아이가 자기만의 '우습고 재미있는 답'을 생각해내도록 이끌어주세요.
3. 아이와 충분한 이야기를 나눈 뒤 다양한 매체를 이용해 실제 원리에 대해 아이와 함께 찾아봅니다.

예시 ◆◇ **이건 어떻게 움직여?**

Q 자동차가 어떻게 움직이냐고? 네 생각을 말해볼래?

A 자동차 엔진에 작은 말이 숨어 있어요. 자동차 바퀴를 굴리기 위해 그 말이 페달을 쉬지 않고 밟고 있는 거예요.

- 자동차 보닛을 열고 직접 살펴본다.
- 책이나 인터넷에서 자동차에 관해 찾아본다.
- 자동차 정비사에게 물어본다.

왜? 왜? 왜?

한 가지 문제에 대해 계속 의문을 가져봄으로써 뻔한 생각에서 벗어나는 놀이에요. 대수롭지 않은 질문에도 왜냐고 세 번 이상 묻는 과정을 거치면 진부한 답의 테두리에서 벗어나 본질적인 답에 가까이 다가갈 수 있게 됩니다.

1. 한 가지 문제에 대해 세 번 이상 질문하도록 합니다.
2. 확실한 답을 알고 있지 않은 문제라도 아이와 함께 서로의 생각을 나누고, 이야기를 주고받습니다.
3. 계속되는 질문에 대답하기 어려우면, '솔직하게 잘 모르겠다'고 말하면 됩니다. 정답을 가르쳐주지 않아도 아이들은 생각지도 못한 방식으로 납득할 만한 답을 유추해냅니다.

오늘 새로 알게 된 건 뭐야?

매일 새롭게 알게 된 것을 서로 이야기해보는 놀이입니다. 놀이를 반복할수록 주변을 주의 깊게 살피게 되고, 다른 눈으로 사물을 바라보게 되죠. 또 이야기를 주고받으며 새로 알게 된 사실을 자신의 것으로 만들 수 있습니다.

이렇게 놀아요

1. 몰랐던 것, 새롭게 알게 된 것을 먼저 말해봅니다.
2. 그다음으로 아이에게 오늘 하루 새로 알게 된 것이 무엇인지 질문을 던집니다.
3. 새롭게 알게 된 사실들 중에 아이가 기억하고 싶은 것을 노트에 적어보게 합니다.

만약에 말이야

이 놀이는요

'만약에 어떤 일이 실제로 일어난다면 어떨까?'라는 가정 아래 현실의 제약에 얽매이지 않고, 자유롭게 상상의 나래를 펴는 놀이입니다. 가상의 상황에서 벌어질 수 있는 여러 가지 결과를 생각해보면서 사고의 유연성을 기를 수 있습니다.

이렇게 놀아요

1. 말도 안 되는 일이 현실에서 일어났다고 가정하고, 어떤 상황이 벌어질지 생각해보는 시간을 갖습니다.
2. 각자의 생각을 말이나 글로 표현해봅니다.
3. 서로의 생각을 이야기로 주고받은 후에는, 직접 가상의 상황을 설정해봅니다.

예시 ◇◇ **만약에 이런 일이 일어난다면 어떨까?**

만약에 세상의 중력이
반으로 줄어든다면?

만약에 팔이
4개라면?

만약에 모든 게
흑백으로만 보인다면?

그림에 물어봐

이 놀이는요

그림을 보고, 그림에 드러나지 않는 전후 관계를 헤아려보는 놀이
입니다. 그림을 주의 깊게 살펴보면서 관찰력과 호기심을 키우고,
질문을 만드는 과정을 통해 사고의 깊이를 더할 수 있어요.

이렇게 놀아요

1. 그림을 각자 유심히 들여다보는 시간을 갖습니다.
2. 그림을 보고 떠오르는 생각들을 질문으로 만들어봅니다. 단, 간
   단하게 답을 찾을 수 있는 질문이 아니라 몰랐던 것을 밝혀내
   는 데 도움이 될 만한 질문들을 만듭니다.

《큰 토끼 작은 토끼》 이올림 글·그림, 한울림어린이(2019)

3. 질문을 통해 그림 속에 숨어 있는 전후 관계를 추측해서 아이와 함께 한 편의 이야기를 만들어봅니다.

도움그림 1 ✧✧

《고무줄이 툭!》 전해숙 글·그림, 한울림어린이(2019)

도움그림 2 ✧✧

《대단한 참외씨》 임수정 글·전미화 그림, 한울림어린이(2019)

3장

다르게 특별하게
새롭게

나로 말할 것 같으면

이 놀이는요

다른 사람에게 자기 자신을 소개할 때 이름, 나이, 사는 곳 등을 알려주는 흔한 소개말 대신에 색다른 방법으로 내가 어떤 사람인지를 설명하는 놀이입니다. 다른 사람에게 '나'를 소개하면서 표현력을 높일 수 있고, 다른 사람의 소개말을 들으면서 친구들의 새로운 모습도 알게 되지요.

이렇게 놀아요

1. 각자 자신의 특징이 잘 드러나는 물건, 즉 자신을 상징할 만한 물건을 하나씩 가지고 옵니다.
2. 물건에 맞는 소개말을 준비할 시간을 갖습니다.
3. 다른 사람들에게 왜 그 물건을 선택했고, 어떤 점이 자신의 모습과 닮았는지 설명합니다.

다른 사람들에게 진짜 모습이 아닌 꾸며낸 가짜 모습으로 '나'를 소개해보세요. 이름, 나이, 외모, 성격 등을 모두 바꿔서 완전히 새로운 사람으로 포장해도 좋습니다. 단, '가짜로 소개하기'가 끝나면 '진짜' 자신이 누구인지 짧게나마 소개합니다.

내 이름은 세라.
열일곱 살이야.
국제발레콩쿠르에서 우승했어.
집에서 강아지랑 고양이를 키워.
똑똑해서 학교 성적도 좋은 편이지.
거짓말을 조금 한다는 게
단점이라면 단점일까?

혹시 꼭 이루어지기 바라는 소원이 있나요? 평소 소망하던 것들을 말하는 것도 '나'를 알려주는 좋은 방법이랍니다.

세 가지 소원을 말해보렴!

글쎄요…….

그림으로 보여줄게

그림으로 내가 누구인지 다른 사람에게 알려주는 놀이입니다. 놀이를 하면서 언어 외에 다른 방법으로도 사람들에게 말하고 싶은 내용을 전달할 수 있다는 사실을 깨닫게 됩니다.

1. 색연필, 수성펜 등을 사용해서 자신의 모습을 직접 그리거나 잡지에서 눈, 코, 입 등을 오려 붙이는 콜라주 방식으로 자신의 모습을 표현합니다.

2. 그림으로 표현할 때는 좋아하는 옷, 좋아하는 행동, 즐거워하는
   것, 무서워하는 것 등 개인의 성향과 개성이 한눈에 드러나게
   그립니다.

다르게 놀이볼까?

'나'의 뿌리를 찾아 우리 집안 가계도를 그림으로 그려보는 것도
재미있는 놀이가 됩니다. 이때 상상력을 발휘해 엄마, 아빠, 할머
니, 할아버지를 원하는 인물로 그려봅니다. 유명인이나 만화영화
주인공 등 누구라도 상관없어요.

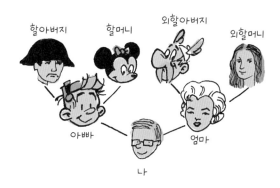

닮았네, 닮았어!

주변 사람들 중에서 한 명을 골라 그 사람을 사물에 비유해 설명해 보는 놀이입니다. 설명해야 할 사람을 주의 깊게 살펴보며 관찰력과 표현력을 동시에 키울 수 있어요.

이렇게 놀아요

1. 주변에서 특별하게 설명할 한 사람을 고릅니다.
2. 선택한 사람을 살펴보거나 그 사람의 특징을 떠올릴 시간을 잠시 갖습니다.
3. '그 사람이 ~이라면 …일 것이다'라는 문장 형태로 선택한 사람을 설명합니다.
   * 삼촌이 동물이라면 겁 많은 기린일 것이다.
   * 엄마가 음식이라면 달콤한 케이크일 것이다.
   * 할머니가 책이라면 두꺼운 백과사전일 것이다.

지구에는 신기한 게 참 많아

이 놀이는요

다른 행성에서 지구로 놀러온 외계인이 되어보는 것으로 간단하지는 않지만, 무척이나 재미있는 놀이랍니다. 이미 알고 있는 것도 모르는 셈 치고, 당연하게 받아들였던 것에 의문을 가져보며 굳어진 사고의 틀에서 벗어나 참신한 생각을 해낼 수 있어요.

이렇게 놀아요

1. 놀이에 재미를 더하기 위해 마스크, 물안경, 장화 등 여러 가지 소품을 이용해 외계인으로 변장합니다.
2. 지구에 처음 온 외계인이 되어 주변을 조심스럽게 탐색하고, 각자 무엇을 찾아냈는지 이야기를 나눠봅니다.
3. 한 가지 물건을 두고, 외계인 입장에서 의문이 드는 것을 질문으로 만들어봅니다.
   * 살아있는 생명체인가?
   * 위험한 물건인가?
   * 누군가와 연락할 때 쓸까?

이것도 저것도 문제야

어떤 물건의 단점, 개선해야 할 점을 찾아내는 놀이입니다. 사용하기 불편한 부분을 찾아 그것을 고치려는 노력을 통해 수많은 발명품들이 탄생했다는 사실을 아이들에게 알려주세요. 주변 환경에 대해 역동적이고 비판적인 사고 능력을 키울 수 있습니다.

이렇게 놀아요

1. 처음에는 아이에게 익숙한 물건을 고릅니다. 이때 가능한 한 실물을 옆에 두고 놀이를 진행하는 것이 좋습니다.
2. 선택한 물건의 단점을 생각나는 대로 모두 말해봅니다.
3. 열거한 단점들을 해결한 그야말로 이상적인 물건을 그림으로 그려보거나 말로 설명해봅니다.

● 비나 눈이 오는 날 타기 힘들어.

● 아주 먼 곳까지 빨리 가긴 어려워.

● 차가 씽씽 다니는 도로에선 타기가 겁나.

다르게 놀아볼까?

이 놀이와 반대로 아이가 좋아하지 않는 물건의 장점을 찾아보게 하는 것도 좋습니다. 예를 들어 편식이 심한 아이의 경우 싫어하는 음식의 장점을 같이 찾아보면서 아이의 사고력을 키우는 것은 물론이고 편식 습관도 고칠 수 있어요.

더 좋게 더 재미있게

이 놀이는요

물건을 하나 골라 새로운 아이디어를 더해서 재미있는 물건으로 탈바꿈해보는 놀이입니다. 주변 사물을 변화시켜 보는 경험을 통해 여러 가지 아이디어를 내고, 그 아이디어를 현실 속에서 구현해 보는 연습을 할 수 있어요.

이렇게 놀아요

1. 아이가 마음대로 만질 수 있는 장난감이나 단순한 물건 중에 하나를 고릅니다.
2. 선택한 물건을 변화시킬 수 있는 아이디어를 최대한 많이 내놓을 수 있게 곁에서 도와주세요.
3. 아이디어를 반영해 물건을 고치거나 새롭게 만들어봅니다.

예시 ◇◇ 최신 인기 아이템, 핵인싸 안경!
넌 지금 안경 공장에서 일하는 기술자야. 근데 사장은 공장에서 만들어낸 안경이 더 잘 팔리길 원해. 그래서 아이들에게도 인기 만점인 안경을 만들라고 요구했어. 넌 어떤 안경을 만들거니? ⋯ 와! 어쩜 이런 생각을 다 했어? 정말 멋지다!

우리를 웃겨봐!

이 놀이는요

마치 어릿광대가 된 것처럼 제한 시간을 정해놓고 우스갯소리, 우스꽝스러운 동작으로 다른 사람들을 웃게 만드는 놀이입니다. 이때 아이가 자신의 창의성을 마음껏 표현할 수 있도록 금기와 자기 검열을 없애고, 뭐든 해도 좋다고 말해주세요. 금기를 어기는 쾌감과 함께 기상천외한 온갖 생각들이 쏟아진답니다.

이렇게 놀아요

1. 놀이 시간을 정하되 길어도 3분을 넘지 않게 합니다.
2. 다른 사람들을 웃길 수 있는 재미있는 개그를 준비합니다.
3. 아이가 생리적인 더러움, 성(性), 고통, 공포, 본능과 관련된 이야기를 마구잡이로 해도 이를 제지하지 않습니다. 단, 신체적으로 위험한 행동은 하지 못하게 하세요.
4. 아이가 내면의 욕망을 드러내는 말을 내뱉고 당황하거나 죄의식을 가질 때도 있습니다. 이럴 경우 아이가 심리적으로 위축되지 않게 대수롭지 않은 태도를 보여주세요.

> 🔹 **잠깐!** 뭐든 해도 좋다고 말하는 것에 너무 걱정하지 마세요. 처음에는 금기를 어기는 쾌감에 불쾌한 단어를 줄기차게 내뱉을 수 있으나 백 번쯤 말하고 나면 그런 욕망도 사라지니까요.

4장

생각이
말랑말랑

침입자를 찾아라!

모둠에서 섞이지 않는 단어, 즉 침입자를 찾아내는 놀이입니다. 사물의 유형을 이해하고, 성격이 다른 단어를 골라내는 활동을 통해 추론 능력을 향상시킬 수 있습니다.

이렇게 놀아요

1. 기준에 따라 달리 묶일 수 있는 단어들을 찾아둡니다.
2. 아이에게 나열된 단어 중에 함께 묶일 수 없는 단어, 즉 무리의 침입자가 누구인지 알아내보라고 합니다.
3. 기준이 달리해 침입자를 하나 이상 골라내게 합니다.

예시 ✧✧ **사과, 개구리, 연잎, 잔디 중에서 침입자는 누구?**

- 식물이 아닌 것: 개구리
- 먹을 수 없는 것: 잔디
- 두 글자 아닌 것: 개구리
- 모음으로 끝나는 게
  아닌 것: 연잎

정답을 찾았니?

답이 다섯 개나 돼요.

1+1=?

흔히 명확한 답이 있다고 생각하는 문제에도 다른 답이 있을 수 있다는 걸 깨닫는 놀이입니다. 생각의 장벽을 없애고, 다른 사람들을 납득시킬 수 있는 논리력을 키울 수 있습니다.

이렇게 놀아요

1. '1+1=?'이라는 수학식을 커다랗게 씁니다.
2. 1 더하기 1은 2라는 뻔한 답 말고 납득할 만한 다른 답을 찾아 보게 합니다.
3. 아이가 어려워할 경우 어른이 한두 가지 예시를 들어줍니다.

예시 ✧✧   1 + 1 = ?

- 1 + 1 = 1   물 한 방울에 한 방울을 더하면 물 한 방울
- 1 + 1 = 1   양말 한 짝에 한 짝을 더하면 양말 한 쌍

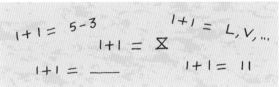

아무러면 어때?

재미있는 뇌풀기 문제

주어진 조건에 얽매이지 않고, 문제에 다양한 관점으로 접근해보는 놀이입니다. 틀에 박힌 생각에서 벗어나 사물의 본질을 한눈에 꿰뚫어보는 직관력을 키울 수 있습니다.

이렇게 놀아요

• 난센스 문제

병아리가 가장 잘 먹는 약은?　　　**답**　삐약

화장실에서 금방 나온 사람은?　　**답**　일본사람

매일 다른 사람 옷만 입는 것은?　**답**　옷걸이

낙타의 엄마는?　　　　　　　　　**답**　늑대[늑대가 나타났다(낙타낳다)]

• 한붓그리기

9개의 점을 직선 4개로 이어보세요. 단, 선을 긋는 동안 종이에서 연필을 뗄 수 없고, 각 점을 한 번 이상 통과할 수 없습니다.

● 성냥개비 옮기기

성냥개비 3개의 위치를 바꿔서 마름모 3개를 만들어보세요.

답

● 사고력 퀴즈 1

한 농부가 사과나무 10그루를 사려고 묘목가게에 갔어요. 그런데 주인이 농부에게 "사과나무 10그루를 5줄로 4그루씩 심을 수 있으면 공짜로 나무를 주겠소."라고 말했습니다. 어떻게 하면 농부는 공짜로 사과나무 묘목을 얻을 수 있을까요?

답 별 모양으로 심는다.

● 사고력 퀴즈 2

클로에 아빠에겐 5명의 딸이 있어요. 큰딸부터 샤샤, 셰셰, 시시, 쇼쇼에요. 막내딸의 이름은 무엇일까요?

답 클로에

● 사고력 퀴즈 3

한 칸의 간격이 20cm인 10칸짜리 사다리가 배에 달려 있어요. 그리고 현재 해수면은 가장 낮은 칸에서 10cm 정도 아래에 있고요. 바닷물이 15분에 10cm씩 상승한다고 가정했을 때, 1시간 뒤 사다리는 몇 칸까지 물에 잠길까요?

답 하나도 잠기지 않는다(배는 물 위에 떠 있기 때문).

이렇게도 저렇게도 쓸 수 있어

이 놀이는요

물건이 본래의 쓰임새 말고, 다른 용도로도 쓰일 수 있다는 것을
알게 되는 놀이입니다. 알고 있던 것을 다르게 생각함으로써 생각
지도 못한 새로운 것들을 발견할 수 있어요.

이렇게 놀아요

1. 아이에게 익숙하고 쉽게 사용할 수 있는 물건 중에 하나를 선
   택합니다. 이왕이면 선택한 물건을 눈앞에 두고 놀이를 진행해
   주세요.
2. 선택한 물건을 어떻게 사용할 수 있을지 생각나는 대로 모두
   말해봅니다.

3. 아이가 생각하는 것을 어려워하면 물건의 특성을 말해주는 식으로 힌트를 주고, 다시 잘 생각해보라고 격려해줍니다.

4. 이때 현실 가능성은 따지지 않고, 아이의 생각을 모두 수용해 줍니다.

  * 노래를 부를 때 북처럼 손바닥이나 막대기로 두드리면 흥겨 울 것 같아요.

  * 제대로 휘두르면 거인의 눈을 멀게 하는 무기가 되지요.

  * 추울 땐 쪼개서 장작으로 쓰면 딱 좋겠네요.

  * 정원에 두면 작은 동물들이 비를 피할 수 있는 훌륭한 피난처 가 생기겠는 걸요.

  * 얇게 잘라서 물에 넣고 끓여서 죽처럼 만들어요. 그리고 이걸 잘 펴서 말리면 종이가 만들어지지 않을까요?

이리이리 붙어라

대상을 정한 기준대로 한데 묶어보는 놀이입니다. 기준을 세우고, 그 기준에 맞게 분류하면서 대상의 속성을 파악하는 능력을 키울 수 있어요.

이렇게 놀아요

1. 색깔, 재질, 모양, 크기, 촉감, 무게, 냄새, 소리, 이름, 재활용 여부 등 사물(사람)을 구분할 수 있는 기준을 정합니다.
2. 아이가 아직 어리거나 이 놀이를 처음 해보는 경우 분류하는 대상을 20개로 한정합니다.
3. 놀이에 익숙해지면 대상을 50개까지 늘려서 놀이를 계속합니다.

머리가 짧은 사람 이리이리 붙어라!

뚝딱뚝딱! 만능 재주꾼

이 놀이는요

여러 가지 물건들을 이것저것 조합해 창조적인 결과물을 만들어내는 놀이에요. 제한된 조건 속에서 각각의 요소들을 결합하여 문제를 해결하는 능력을 키울 수 있습니다.

이렇게 놀아요

1. 무인도, 숲속의 외딴 오두막 같은 특수한 환경에 혼자 있다고 상상해봅니다. 옆에는 전혀 연관 없어 보이는 몇몇 물건들만 지닌 채로 말이죠.
2. 해결해야 할 미션을 제시하고, 주어진 물건들을 조합하여 어떻게 하면 미션을 수행할 수 있을지 생각해봅니다.

예시 ◇◇ 다음 물건들을 조합해서 우물에서 물을 퍼 올리세요.

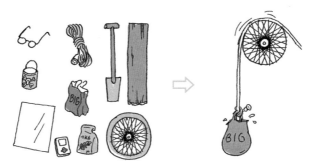

공통점을 찾아봐

확연하게 달라서 전혀 연관성이 없어 보이는 것들 중에서 공통점을 찾아내는 놀이입니다. 서로 다른 것을 연결하는 연습을 통해 융합적 사고력이 자라나요.

이렇게 놀아요

1. 일정한 기준 없이 서로 연결점이 없는 것들을 쭉 나열합니다. 물건이어도 좋고, 단어, 행동이어도 상관없습니다.
2. 나열한 것들 중에서 두 가지를 골라 공통되는 부분을 찾습니다.
3. 만약 아이가 공통점을 찾는 것을 어려워하면 어른이 먼저 한 차례 예시를 보여줍니다.

예시 ✧✧ **다음 목록에서 두 가지 행동을 선택해 공통점을 나열하시오.**

여행 갈 준비를 하다	테니스 시합을 하다
오케스트라를 지휘하다	나무를 가지치기하다
자전거를 타다	식사 준비를 하다
사자를 사냥하다	파티에 갈 옷을 입다
소설을 읽다	연극 공연을 하다

마술을 하다   말에 올라타다

학교에 가다   혁명을 일으키다

집을 짓다   아이를 가지다

● '여행 갈 준비를 하다'와 '아이를 가지다'

뜻밖의 사건을 겪을 수 있다, 기본과 옷을 챙겨야 한다, 자료들을 수집
한다, 날짜를 헤아린다.

● '소설을 읽다'와 '나무를 가지치기하다'

중요한 것만 남긴다, 대상에 애정을 갖게 된다, 듣기 좋은 소리(나뭇잎
소리/책장 넘기는 소리)가 들린다, 평생 할 수 있다.

5장

생각하는
연습하기

뇌 속 폭풍 일으키기

한 가지 주제를 대해 자유롭게 아이디어를 만들어보는 활동입니다. 일명 브레인스토밍으로 불리는 이 활동은 창의성을 기르는 데 도움이 되는 가장 기본적인 방법이랍니다.

1. 그 어떤 아이디어라도 자유롭게 말할 수 있는 분위기를 만듭니다.
2. 아이디어를 적을 수 있는 큰 종이 나 칠판을 준비하고 아이디어를 적을 사람을 뽑습니다.
3. 주제를 제시하고, 5~10분 정도 각 자 생각할 시간을 줍니다.
4. 본격적으로 브레인스토밍을 하기 전에 진행 규칙을 설명해줍니다.
5. 제한 시간 내 다양한 아이디어를 꺼내놓습니다.

브레인스토밍 규칙

① 아이디어는 많으면 많을수록 좋다.

② 엉뚱하거나 비현실적인 아이디어도 환영받는다.

③ 다른 사람의 아이디어를 바탕으로 새로운 아이디어를 만들 수 있다.

④ 그 어떤 아이디어도 비난하지 않는다.

생각의 그물을 엮고 엮어

이 놀이는요

생각의 흐름을 그림이나 일정한 틀에 맞춰 정리해보는 활동입니다. 일명 마인드맵으로 불리는 이 활동은 창의성을 이끌어내는 최고의 생각도구 중 하나랍니다.

이렇게 놀아요

1. 커다란 종이 한가운데 열쇠가 되는 단어를 적습니다.
2. 그 단어에서 연상되는 것들을 찾아서 낱말을 중심으로 빙 둘러 씁니다. 이때 한 생각이 가지를 치는 것처럼 두세 가지 방향으로 뻗어나가게 해주세요.
3. 생각의 흐름을 확실하게 알아볼 수 있도록 가지마다 색깔을 달리하면 같은 계열의 생각을 구별하기 쉽습니다.

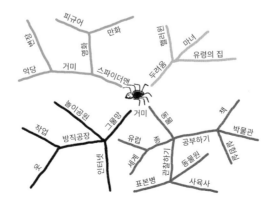

30

이것저것 생각을 모아

이 놀이는요

어떤 문제에 대해 여러 가지 요소들을 결합해 생각을 발전시키는 놀이입니다. 요소들을 잘 살펴보고 활용하는 과정을 통해 문제를 해결하는 기발한 아이디어를 떠올릴 수 있습니다.

이렇게 놀아요

1. 해결해야 할 문제를 세 가지 요소로 나누고, 아래 항목들을 생각나는 대로 적어봅니다.

예시 ✧✧ 엄마 생일에 어떤 선물을 하지?

엄마	생일	선물
빨간 드레스	파티	포장지
춤	손님	리본
보석	음악	이벤트
미소	케이크	꽃

2. 요소별로 하나씩 선택한 단어들을 조합해 문제를 해결할 방법을 생각합니다.

춤 + 음악 + 포장지 = 포장지로 고깔모자를 만들어 쓰고, 엄마가 좋아하는 음악에 맞춰서 춤을 춘다.

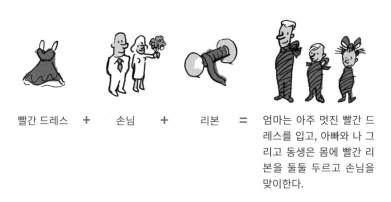

빨간 드레스 + 손님 + 리본 = 엄마는 아주 멋진 빨간 드레스를 입고, 아빠와 나 그리고 동생은 몸에 빨간 리본을 둘둘 두르고 손님을 맞이한다.

쪼개 보고 달리 보면

이 놀이는요

익숙한 대상을 잘게 쪼개 나누어 생각해보고, 원래 가지고 있던 요소들을 다른 것으로 바꿔보는 놀이입니다. 대상을 이리저리 살펴보고 다른 쓰임새를 생각해보는 과정을 통해 집중력과 분석력, 창의력을 동시에 키울 수 있어요.

이렇게 놀아요

1. 선택한 물건의 속성을 '무엇을', '어떻게', '어디서', '누가'로 나눠서 정리합니다.
2. 원래 가지고 있는 속성을 대체할 수 있는 특징들이 뭐가 있을까 생각해봅니다. 이때 현실 가능성은 따지지 않고, 어떤 아이디어든 수용해줍니다.
3. 모든 아이디어를 기록한 다음, 수정해야 할 것과 다시 생각해봐야 할 것을 하나씩 지워나가는 식으로 아이디어를 다듬어 나갑니다.

예시 ✧✧ **만년필을 쪼개 보고 달리 보면**

	무엇을 (구성요소)	어떻게 (기능)	어디서 (사용처)	누가 (사용자)
쪼개 보기	·몸체 ·뚜껑 ·펜촉	·글씨를 쓸 때 ·그림을 그릴 때	·학교에서 ·사무실에서 ·집에서	·학생 ·작가
달리 보기	손가락이 몸체, 손톱이 펜촉	손톱 밑을 소제 할 때	병원에서 주사기로 사용	말을 하면 저절 로 써지는 만능 펜이 필요한 시 각장애인

만년필을 어떻게
쪼갤까?

A + B = C

이 놀이는요

언뜻 보기에 전혀 관련 없어 보이는 것들을 서로 연결시켜 다르게 생각해보는 놀이입니다. 아이디어를 확장하고 결합하는 과정을 통해 기존에 없던 참신한 결과물을 만들어낼 수 있어요.

이렇게 놀아요

1. 해결해야 할 문제 상황(A)을 가정하고, 해결책의 실마리를 제공할 단어를 선택합니다. 실마리 단어(B)는 문제 상황과 전혀 관련 없는 단어를 선택하는 것이 좋습니다. 그래야 독창적인 아이디어(C)가 만들어집니다.
2. 실마리 단어를 보고 머릿속에 떠오르는 생각들을 모두 말해봅니다. 적어도 다섯 가지 이상 말해보게 하되, 문제 상황과의 연관성 여부는 따지지 않습니다.
3. 앞서 떠올린 생각들을 확장하고 연결시켜 독창적인 해결책을 찾아봅니다.

예시 ✧✧ 집 + 개구리 = ?

A. 문제 상황 어떤 집을 지을까?

B. 실마리 단어 개구리

    - 툭 튀어나온 눈

    - 뛰어난 점프력

    - 독이 있을 수도 있음

    - 긴 혀로 먹이를 낚아챔

    - 키스를 받으면 왕자로 변신함

C. 해결방법 개구리 모양 집

동그란 눈 안에
별을 관찰할 수 있는
망원경이 있다.

바깥벽에 독이 발라져 있어
도둑이 들어올 수 없다.

사다리에 키스하면
입이 열리면서
집으로 들어갈 수 있다.

발이 달려 있어 이곳저곳으로
옮겨 다닐 수 있다.

입장 바꿔 생각해봐

어떠한 문제를 해결하기 위해서 특정 대상이 되어서 해결방법을 모색해보는 활동입니다. 주체가 되는 대상과 동일시하는 과정을 통해 문제의 핵심에 접근하게 되고, 더 유용한 해결책을 찾을 수 있습니다.

이렇게 놀아요

1. 해결해야 할 문제 상황을 정합니다.
2. 문제의 주체가 되는 대상이 되어 무엇이 불편한지, 어떻게 하면 좋을지 이야기를 나눕니다. 이때 함께 하는 어른은 아이의 사고과정을 돕는 질문 말고는 어떠한 간섭도 하지 않습니다.
3. 아이가 생각한 것을 토대로 짧은 이야기를 만들어보게 합니다. 마지막 단계는 생략해도 무방합니다.

어떻게 하면 친구와의 갈등을 해소할 수 있을까?
싸운 친구의 입장에서 나의 행동을 되짚어본다.

어떻게 하면 장애인이 불편 없이 다닐 수 있을까?
목적지까지 휠체어를 타고 이동해본다.

어떻게 하면 학생의 행동을 이해할 수 있을까?
선생님이 학생이 되고, 학생이 선생님이 되는
역할놀이를 한다.

문제 상황의 주체가 꼭 사람이란 법은 없습니다. 사물일 수도 있죠. 그럴 때는 그 사물이 된 것처럼 행동하고, 생각해보세요. 참신하고 독창적인 해결책이 떠오를 수 있습니다.

아이스크림이 흘러내리지 않게 하기 위해선 어떻게 해야 할까?

6장

도란도란
스토리텔링

그림책 다르게 읽기

이 놀이는요

평소에 읽던 대로 책을 읽는 것이 아니라 새롭고 다양한 방법으로
책을 읽어보는 놀이에요. 책에 대한 흥미를 불러일으키고, 책 읽는
기쁨을 누릴 수 있으며, 무한한 상상력의 힘을 알게 된답니다.

이렇게 놀아요

1. **읽기 전 활동**   책을 읽기 전에 앞으로 펼쳐질 내용을 미리 예
   측해보는 활동으로 책에 대한 호기심을 키울 수 있습니다.

   표지만 보고 이야기 주고받기   표지를 보고 웃기는 이야기일지, 무
   서운 이야기일지 책의 내용을 추측해봅니다. 또는 단순하게 표
   지 그림에 대한 감상과 제목에 대한 느낌을 말해볼 수도 있습
   니다.

배경지식 활성화하기　제목, 작가와 관련해 과거의 경험이나 이미 알고 있는 지식을 떠올려보고, 이것을 가지고 간단하게 이야기를 나눠봅니다.

2. **읽는 중 활동**　다양한 방법으로 책을 읽으면 이야기에 집중하기 쉽고, 보다 깊이 있는 독서활동이 이루어집니다.

흉내 내며 읽기　연극을 하듯이 등장인물의 말투와 동작을 흉내 내서 읽어줍니다. 듣는 아이에게도 똑같이 흉내 내게 해보세요.

다양한 효과음 넣기　천둥치는 소리, 바람 소리, 문이 삐걱거리는 소리 등 영화 효과음처럼 책을 읽을 때도 드라마틱한 효과음을 집어넣어 읽어주면 더 생생하게 이야기를 즐길 수 있습니다.

노래하며 읽기　운율감이 있는 글의 경우 멜로디를 붙여 노래를 부르듯 읽어줍니다. 익숙한 멜로디를 붙이면 아이들도 따라 부르면서 이야기에 푹 빠져들게 됩니다.

이야기 흐름에서 살짝 벗어나기 등장인물이나 대사를 바꾸는 식으로 본래 내용에서 살짝 벗어나서 책을 읽어봅니다. 여러 번 읽어서 이미 내용을 잘 알고 있는 경우 이 방법을 쓰면 아이에게서 다양한 반응을 이끌어낼 수 있습니다.

3. **읽은 후 활동** 단순히 책을 읽는 데서 그치지 않고 말하기, 글쓰기, 그림으로 표현하기 등 다양한 활동으로 확장시켜서 종합적인 사고력 발달에 도움을 줍니다.

주인공이 돼서 말하기 '내가 주인공이라면 지금 기분이 어떨까?', '내가 주인공이라면 어떻게 행동했을까?'라는 가정 아래 자유롭게 자신의 생각을 말해봅니다.

작가에게 편지 쓰기 책을 읽고 난 후 드는 감상이나 하고 싶은 말을 작가에게 편지로 써봅니다.

인상적인 장면 그리기 책을 읽으면서 가장 기억에 남았던 장면이나 느낌을 그림으로 자유롭게 표현해봅니다.

이야기 노트 만들기

노트에다가 날마다 혹은 주마다 이야기를 쓰고, 그림을 그려보는
놀이입니다. 상상한 것을 글과 그림으로 옮기면서 표현력을 키울
수 있고, 아이디어를 기록하는 습관도 갖게 됩니다.

1. 아이가 좋아할 만한 노트를 준비합니다.
2. 노트 왼쪽에는 이야기를 쓰고, 오른쪽에는 그림을 그리게 합니다. 만약 아이가 글을 모른다면, 어른이 아이가 말하는 내용을 받아 적고, 그 아래에 똑같이 베껴 쓰게 합니다.
3. 아이가 그린 그림을 직접 말로 설명해보게 합니다.

카드로 이야기 만들기

낱말카드나 그림카드를 활용해 여럿이서 돌아가며 이야기를 만들어보는 놀이입니다. 다른 사람의 말을 경청하는 태도를 기를 수 있고, 다른 사람과의 협력을 통해 더 좋은 결과물을 만들어내는 경험을 할 수 있습니다.

이렇게 놀아요

1. 참여하는 사람들 모두 둥글게 원을 그리며 둘러앉습니다. 카드는 원 한가운데 보이지 않게 뒤집어 놓습니다. 그림카드나 낱말카드를 단독으로 사용해도 좋고, 두 가지 카드를 섞어서 사용해도 좋습니다.
2. 먼저 한 사람이 카드를 뽑습니다. 처음 뽑은 카드를 가지고 이야기를 시작합니다.
3. 다음 사람이 카드를 뽑습니다. 카드에 나온 것을 새롭게 추가해 첫 번째 사람이 지어낸 이야기를 계속해서 이어갑니다.
4. 진행을 맡은 어른은 놀이를 하는 동안 아이들이 말한 내용을 모두 기록합니다. 이때 이야기뿐만 아니라 아이들의 이름과 순서도 함께 적습니다.

5. 마지막으로 카드를 뽑은 사람이 카드에 나온 것을 추가하면서 이야기를 마무리 짓습니다.
6. 만약 이야기가 끝나지 않았다면, 한 바퀴를 더 돕니다.

다르게 놀아볼까?

가지고 있는 카드 말고도 나만의 카드를 만들어서 이야기 놀이를 즐길 수 있습니다. 특정한 시대(고대 이집트, 중세시대)나 특정한 대상(스포츠, 공룡)처럼 아이가 관심 있는 분야와 관련된 카드를 만들면, 훨씬 풍부한 이야기를 들려준답니다.

물건으로 이야기 만들기

이 놀이는요

카드로 이야기 만들기와 유사해요. 카드 대신 선택한 물건을 가지고 여럿이서 돌아가며 이야기를 만들어보는 놀이입니다. '물건이 살아있다면?'이라는 가정 아래 무한한 상상력을 발휘하여 기발한 결과물을 만들어낼 수 있습니다.

이렇게 놀아요

1. 놀이에 쓸 물건들을 모은 다음, 각각의 물건에 번호를 붙입니다. 아이들이 손을 뻗으면 닿을 곳에 번호를 매긴 물건들을 줄지어 놓습니다. 단, 위험한 물건은 빼고, 아이들도 쉽게 집어들 수 있는 것들로 준비합니다.
2. 처음 사람이 봉투 안에서 번호표를 뽑고, 그 번호에 해당하는 물건을 가져옵니다. 그리고 물건을 주인공으로 한 이야기를 시작합니다.
3. 다음 사람도 같은 방법으로 물건을 선택한 뒤 첫 번째 사람이 지어낸 이야기를 계속해서 이어갑니다.
4. 진행을 맡은 어른은 놀이를 하는 동안 아이들이 말한 내용을 모두 기록합니다. 이때 이야기뿐만 아니라 아이들의 이름과 순서도 함께 적습니다.

5. 마지막 사람이 이야기를 마무리 짓습니다.
6 만약 이야기가 끝나지 않았다면, 한 바퀴를 더 돕니다.

이야기에 어울리는 그림 그리기

만들어낸 이야기에 어울리는 그림까지 그려 세상에 단 하나밖에 없는 나만의 그림책을 만들어보는 놀이입니다. 이야기의 흐름을 헤치지 않고, 글의 분위기에 어울리는 그림을 그리는 활동을 통해 전체적인 맥락을 이해하는 능력을 키울 수 있어요.

이렇게 놀아요

1. 아이들이 만든 이야기를 들려주거나 이야기가 써진 종이를 나눠주고 읽어보게 하면서 다시 한번 이야기를 떠올리게 합니다.
2. 이야기 중에서 그림으로 그릴 장면들을 선택하게 합니다.
3. 이야기의 전체적 분위기를 고려해서 일관성 있는 그림을 그리게 합니다.

옛이야기 바꿔보기

누구나 잘 알고 있는 이야기를 바꿔서 새로운 이야기로 만들어보는 놀이입니다. 책의 내용을 탐색하면서 새로운 관점에서 이야기를 재창작하는 과정을 통해 상상력과 비판적 사고력이 무럭무럭 자랍니다.

1. 《피노키오》나 《피터 팬》처럼 이미 잘 알려져 있는 유명한 이야기를 고릅니다.
2. 다양한 방법으로 이야기를 바꿔 세상에 없던 새로운 이야기를 만들어봅니다.

이야기 섞기 두 가지 이야기를 섞어 새로운 이야기를 만듭니다.

빨간 모자 + 이상한 나라의 앨리스 = 이상한 나라에 떨어진 나쁜 늑대

이야기에 다른 것을 끼워 넣기 어떤 이야기에 전혀 생각지도 못했던 대상을 하나 끼워 넣어 새로운 이야기를 만듭니다.

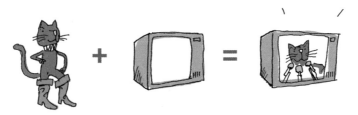

장화 신은 고양이 + 텔레비전 = 텔레비전 스타가 된 장화 신은 고양이

정반대로 뒤집기 '착한 사람'이 '나쁜 사람'이 되는 식으로 내용을 뒤집어 새로운 이야기를 만듭니다.

헨젤과 그레텔은 혼자 사는 할머니의 과자집을 제멋대로 뜯어먹은 후 할머니를 철창에 가두기까지 하는 나쁜 아이들이다.

이야기의 배경 바꾸기 이야기의 배경이 되는 장소, 시간 등을 바꿔서 새로운 이야기를 만듭니다.

유리 구두 + 21세기 파리 = 21세기 파리에 사는 신데렐라는 파티 장소에 스니커즈를 흘리고 온다.

뒷이야기 이어쓰기 결말을 이어서 새로운 이야기를 만듭니다.

왕자와 결혼한 백설 공주는 7명의 아이들을 낳았는데….

7장

마음껏 그리기

세상엔 동그라미가 정말 많아

이 놀이는요

우리 주변에 얼마나 많은 동그라미가 있는지 아이와 함께 찾아보면서 원이라는 기본 도형을 바탕으로 수없이 많은 그림을 그려보는 놀이입니다. 다양하고 독창적인 아이디어를 시각적으로 구현해내는 능력을 키울 수 있어요.

이렇게 놀아요

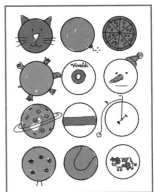

1. 똑같은 크기의 원 12개가 그려진 종이를 아이에게 주고, 동그라미를 보면 어떤 것들이 떠오르는지 말해보게 합니다. 만약에 아이가 어려워한다면, 주변에서 동그라미 모양을 직접 찾아보게 합니다.

2. 놀이 전 아이에게 동그라미 안팎으로 자유롭게 선을 긋고, 그림을 그릴 수 있다는 점을 미리 알려줍니다.

3. 10분 동안 동그라미에 점을 찍고, 선을 긋고, 그림을 그려서 될 수 있는 한 많은 동그라미를 바꿔보게 합니다.

알록달록 색을 입혀보자

이 놀이는요

하나의 그림을 다양한 방식으로 색칠하고, 꾸며보는 놀이입니다. 색에 대한 일반적인 관념에서 벗어나 독창적인 방식으로 다채로운 색의 세계에 접근할 수 있어요.

이렇게 놀아요

1. 윤곽선만 있는 그림을 복사해서 똑같은 그림을 최소한 4장 이상 준비합니다. 가지고 있는 컬러링북을 활용해도 좋습니다.
2. 똑같은 그림에 각기 다른 방법으로 색을 입혀봅니다.

   그림 1 한 가지 색을 쓰면서 선 밖으로 넘치지 않게 칠하기

   그림 2 여러 가지 색깔로 자유롭게 칠하기

   그림 3 연필로만 색칠하기

   그림 4 색종이 조각을 뿌리기

그림 1   그림 2   그림 3   그림 4

이야기 듣고 그림 그리기

이 놀이는요

작품에 대한 설명만 듣고, 머릿속에 떠오르는
이미지대로 그림을 그려보는 놀이입니다. 서로
의 그림을 비교하면서 같은 주제라도 다양한
해석이 있을 수 있다는 점을 배우고, 다양한 관
점에서 대상을 바라보는 눈을 갖게 됩니다.

이렇게 놀아요

1. 아이들에게 설명할 작품을 선택합니다. 작품은 추상화라도 상
   관없고, 회화가 아닌 조각이어도 좋습니다.
2. 작품에 대한 설명을 말로 하거나 글로 써서 보여주세요. 이때
   가능한 한 구체적이고, 자세한 표현을 써서 아이들이 작품을
   머릿속에 잘 그릴 수 있게 해줍니다.
3. 설명을 다 듣고 그림을 그릴 때는 다른 친구들의 그림을 보지
   못하게 합니다.
4. 아이들이 그림을 완성하면 서로의 그림을 비교해보고, 왜 그렇
   게 표현했는지 발표하는 시간을 갖습니다.
5. 원작을 보여주는 것으로 놀이 활동을 마무리합니다.

아주 오래되어 보이는 그림이네요. 오른편에는 남자가 왼편에는 여자가 그려져 있어요. 남자는 왼손으로 여자의 손을 잡고 있고, 오른손은 살짝 든 상태에요. 그리고 어두운 갈색 망토를 걸쳤고, 챙이 넓은 검은색 모자를 썼어요. 여자는 긴 초록색 드레스를 입고 머리에 흰 면사포를 썼네요. 그런데 여자의 배가 불룩하고, 왼손을 배 위에 올리고 있는 모습을 보니 아마도 임신한 것 같아요. 두 사람이 있는 방은 전체적으로 어두운 편인데, 오른쪽 벽에 있는 창문으로 빛이 들어오고 있어요. 왼쪽에는 빨간 천이 드리워진 커다란 침대가 있네요. 천장에는 화려한 조명이, 벽 한가운데에는 톱니바퀴처럼 보이는 거울도 걸려 있어요. 음… 그리고 두 사람 발치에 강아지 한 마리도 보이네요.

얀 반 에이크, 〈아르놀피니 부부의 초상〉

양손으로 그려요

동시에 두 손을 사용해서 그림을 그려보는 놀이입니다. 평소 잘 쓰지 않는 손을 사용하는 것에 다소 어려움을 느낄 수 있으나 금방 익숙해지면서, 방법과 수단에 제약을 두지 않고 마음껏 표현하는 법을 익히게 됩니다.

1. 오른손을 주로 사용하는 사람은 왼손을, 왼손을 주로 사용하는 사람은 오른손을 사용해 간단한 그림을 그려봅니다.
2. 평소 잘 사용하지 않던 손에 필기구를 쥐는 것이 조금 익숙해졌으면, 본격적으로 동시에 양손을 사용해 그림을 그립니다.
3. 한 손으로 그린 그림과 양손으로 그린 그림을 비교해보고, 어떤 점을 느꼈는지 아이와 간단하게 이야기를 나눠봅니다.
4. 양손을 사용해 그림을 그리는 방법은 무척 다양합니다. 다음 방법들을 참고해 여러 가지 방식으로 그림을 그려보세요.

똑같은 그림 그리기　　　　　**좌우 대칭인 그림 그리기**

**양손이 제각기 돌아다니며
자유롭게 그리기**

다르게 놀아볼까?

양손 그리기는 두 사람이 함께 할 수 있어요. 한 손은 아이가 한 손은 어른이 동시에 움직여 하나의 그림을 그려보는 식으로요. 무엇을 그릴지 이야기를 나누고, 하나의 그림을 두 사람이 완성하는 과정을 통해 자연스럽게 협력하는 방법을 배우게 됩니다.

소리가 보여

음악을 듣고 느낀 것을 유형의 결과물로 표현해보는 놀이입니다. 보이지 않는 소리를 그림으로 그려보며 청각으로 느낀 감각을 시각적 이미지로 구현해보는 활동을 통해 창의적 사고력은 물론이고 아이디어를 다른 사람에게 명쾌하게 전달할 수 있는 표현력도 향상됩니다.

이렇게 놀아요

1. 아이에게 들려줄 음악을 선택합니다.
2. 10분 동안 아무 말 없이 음악을 감상하는 시간을 갖습니다.

3. 소리를 그림으로 표현하는 것은 쉽지 않습니다. 따라서 아이 옆에서 '방금 들은 음악을 점이나 선으로 그려보면 어떨까?', '어떤 색이 어울릴까?'와 같이 아이의 창의적 사고력을 자극하는 질문들을 던져주세요.
4. 음악을 들었을 때 느낀 것을 자유롭게 표현해봅니다.

다르게 놀아볼까?

눈을 안대로 가린 채 10분 정도 음악을 들으면서 찰흙을 만지며 노는 것은 창의력 발달에 좋은 놀이랍니다. 멜로디를 따라 손으로 악기를 두드리듯 찰흙을 주무르고, 비틀고, 짓이기며 자유롭게 찰흙을 가지고 놀아보세요. 이때 어떤 모양이 나오는가는 전혀 중요하지 않아요. 10분의 놀이시간이 끝난 뒤에는 잠시 쉬는 시간을 갖고, 저마다 무엇을 느꼈는지 이야기를 나눠봅니다. 그런 다음 이번에는 안대 없이 음악을 들으면서 찰흙으로 표현하고 싶은 것을 만들어봅니다.

흰 종이에 마음껏 그려봐

이 놀이는요

흰 종이만 앞에 두면 머릿속이 새하얘지는 아이들을 위한 놀이입니다. 개인적인 경험이나 특별할 게 없는 평범한 일상생활 속에서 창작활동의 영감을 얻는 연습을 할 수 있어요.

이렇게 놀아요

1. 아무것도 없는 흰 종이와 여러 가지 그림도구를 준비합니다.
2. 무엇을 그릴지 잘 모르는 아이에게 여러 가지 질문을 통해 힌트를 줍니다.

   * 무엇을 그려볼까?
   * 네가 좋아하는 곳은 어디니?
   * 가장 좋아하는 음식은 뭐야?
   * 가장 좋아하는 놀이는 뭐야?
   * 친한 친구의 얼굴은 어떻게 생겼어?
   * 지난주에 영화를 보고 어떤 걸 느꼈어?
   * 어젯밤에 무슨 꿈을 꿨어?
   * 가장 행복했던 순간은 언제였어?
   * 생일 선물로 받고 싶은 것은 뭐야?

* 부자가 된다면 무엇을 할 수 있을까?
* 30년 후 미래의 모습을 어떨까?
* 세상을 구할 슈퍼 히어로가 된다면?

예시 ✧✧   자화상 그리기

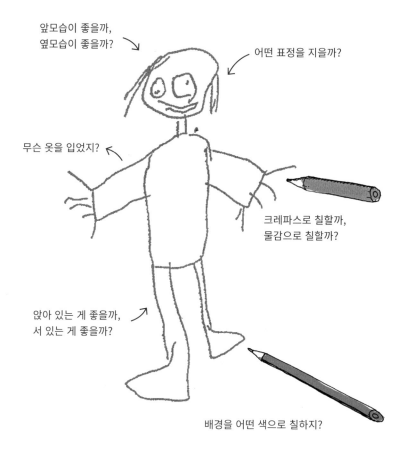

앞모습이 좋을까,
옆모습이 좋을까?

어떤 표정을 지을까?

무슨 옷을 입었지?

크레파스로 칠할까,
물감으로 칠할까?

앉아 있는 게 좋을까,
서 있는 게 좋을까?

배경을 어떤 색으로 칠하지?

모두 함께 그려요

이 놀이는요

많은 사람들이 모여 하나의 그림을 완성해보는 놀이입니다. 그림의 주제를 정하는 단계에서는 서로의 의견을 조율하는 법을 배울수 있고, 그릴 것을 정하는 단계에서는 다양한 아이디어를 만들어내는 연습을 하게 되고, 실제로 그림을 그리는 단계에서는 전체적인 분위기를 고려해서 일관성 있게 아이디어를 표현하는 방법을익히게 됩니다.

1. 그림을 그릴 넓은 벽을 준비합니다. 여러 가지 제약 때문에 벽에 그림을 그리기 어렵다면, 벽 한 면에 흰 종이를 붙이고 그 위에다 그림을 그립니다.

2. 그림을 그리기에 앞서 먼저 그림의 주제를 결정합니다. 아이들끼리 이야기를 주고받는 과정에서 주제 선정에 어려움을 겪는 경우 어른이 곁에서 의견을 정리하고, 공평하게 발언할 기회를 주는 식으로 도움을 주세요.

3. 주제가 결정되었으면, 어떨 것을 그릴지 '브레인스토밍'을 통해 아이디어를 뽑아봅니다. ▶ 76쪽 참고

4. 어떤 것을 그릴지 결정한 뒤 각자 자신이 맡은 부분을 스케치합니다. 필요한 경우 자신이 그릴 그림에 대한 정보를 수집해도 좋습니다.

5. 한 작품을 모두가 함께 그린다는 사실을 기억하면서 주제에 맞지 않는 부분은 수정하거나 다시 그립니다.

6. 스케치가 모두 끝나면, 채색 과정에서 이전 단계 활동을 반복하면서 그림을 완성합니다.

8장

?

온몸으로
표현해봐

즉흥적으로 연기하기

이 놀이는요

정해진 대본 없이 즉흥적으로 연기를 해보는 놀이입니다. 형식에
얽매이지 않고 계획 없이 생각나는 대로 즉석에서 연기를 하거나
음악을 연주하는 것은 순발력과 창의성이 극대화되는 활동 중에
하나랍니다.

이렇게 놀아요

1. 상황, 주제, 말투 세 종류로 나눠 쪽지를 준비합니다.

   상황쪽지 사랑을 고백할 때, 친구와 싸울 때, 화장실이 급할 때, 무서
   운 놀이기구를 탈 때 등

   주제쪽지 안경, 감자튀김, 햄스터, 수학시험 등

   말투쪽지 겁에 질려서, 기계음으로, 화를 내며, 훌쩍이며 등

2. 상황, 주제, 말투별로 쪽지를 하나씩 뽑아봅니다.

3. 선택한 쪽지에 나온 대로 상황을 설정하고, 주제쪽지에 나온 단어를 집어넣어 짧은 대사를 즉흥적으로 만듭니다. 대사를 말할 때는 말투쪽지의 지시문대로 목소리를 꾸며 말합니다.

좋아하는 가면을 골라 쓰고, 꼭 그 대상이 된 것처럼 흉내를 내는 가면놀이는 아이들이 아주 좋아하는 놀이에요. 가면을 쓰면 더 대담하게 말하고 행동하게 되는 효과가 있습니다.

동작 퀴즈! 몸으로 말해요

이 놀이는요

한 사람이 말을 하지 않고, 얼굴 표정과 몸동작
으로만 어떠한 대상을 흉내 내면, 다른 사람들이
그 대상을 알아맞히는 놀이입니다. 표현력을 키
우는 데 효과적인 이 놀이는 아이, 어른을 가리
지 않고 누구나 두루 즐길 수 있어요.

이렇게 놀아요

1. 놀이가 원활하게 진행될 수 있게 동물, 연예인, 속담 등 문제를
   낼 범위를 정합니다.
2. 첫 번째 사람이 다른 사람들 앞에서 표정과 몸짓으로 어떤 대
   상을 표현하면, 다른 사람들은 그 대상이 무엇인지 말합니다.
   시간은 한 문제당 3분을 넘지 않게 해주세요.
3. 정답을 알아맞힌 사람이 다음 문제를 냅니다.

다양한 방법으로 노래 부르기

노래를 그대로 부르지 않고, 지시대로 흉내를 내면서 평소와 다른
방식으로 불러보는 놀이입니다. 다양한 방법으로 노래를 부르면서
음색과 소리의 세계를 이해할 수 있어요.

이렇게 놀아요

1. 모두가 잘 알고 있는 노래를 선택합니다.
2. 여럿이서 한두 소설씩 돌아가며 노래를 부를 때 노래를 부른
   사람이 다른 사람에게 '○○처럼 불러야 한다'고 명령합니다.
3. 이어서 노래를 부르는 사람은 지시대로 최대한 흉내를 내며 노
   래를 부릅니다.

예시 ✧✧   흉내 내며 부르기

● 달팽이처럼 부르기!
바닥에 앉아 몸을 한껏 웅크리고,
느릿느릿 노래를 불러요.

● 늑대처럼 부르기!
하울링하듯 고개를 쳐들고 노래
를 불러요.

위우위우~   위우위우~

50

몸에서 소리가 나

이 놀이는요

우리 주변의 소리, 그중에서도 몸에서 나는 소리를 탐색해보는 놀이입니다. 그동안 전혀 생각하지 못했던 관점에서 몸을 바라보며, 우리 몸에서 나는 친근한 소리들을 이용해 '가장 단순한' 음악을 만들 수 있습니다.

이렇게 놀아요

1. 평소 자신의 몸에서 어떤 소리가 자주 나는지 이야기를 나눠봅니다. 그리고 트림소리, 방귀소리, 재채기소리, 박수소리 등을 예로 들어 사람마다 상황마다 소리가 모두 다르게 난다는 사실을 알려주세요.
2. 이번에는 직접 몸을 움직이거나 부딪쳐서 다양한 소리를 내봅니다. 이때 도구는 일절 사용하지 않고, 오로지 몸을 가지고만

소리를 만들어야 한다는 사실을 미리 말해주세요. 손바닥끼리 마주쳐 나는 짝 소리, 손으로 몸을 때릴 때 나는 찰싹 소리, 입술이 붙었다 떨어질 때 나는 쪽 소리 등 다양한 소리들을 만들어낼 수 있어요.

3. 몸으로 다양한 소리를 내는 방법을 알게 됐다면, 소리의 속도(느리게/빠르게)와 강약(세게/약하게)을 조절하면서 리듬감을 익힙니다.

4. 몸에서 나는 소리로 가장 단순한 음악을 만들어봅니다.

다르게 놀아볼까?

조용한 환경에서 눈을 감고 엄마의 가슴, 아빠의 배에 귀를 대고 무슨 소리가 나는지 들어보게 하세요. 심장이 뛰는 소리, 위장이 꿀렁이는 소리 같은 다양한 소리를 들으면서 생명의 신비를 경험할 수 있습니다. 게다가 자연스러운 스킨십을 통해 유대감을 형성하는 데도 아주 좋은 놀이랍니다.

몸으로 노래해요

이 놀이는요

머릿속에 떠오른 이미지를 신체의 움직임으로 표현해보는 놀이입니다. 내면에 있는 창조적인 힘을 느끼고, 몸속 에너지를 방출할 수 있습니다.

이렇게 놀아요

1. 뒤집어진 그림카드 중에서 하나를 선택합니다.
2. 카드에 나온 사물의 이미지와 움직임, 특징들을 말로 먼저 표현해봅니다.
3. 그런 다음 말한 내용을 간단한 몸짓이나 춤으로 자유롭게 표현해봅니다.

예시 ◇◇ 뽑은 그림카드: 문

직사각형 모양인데, 항상 서 있어요. 열려 있을 때도 있고, 닫혀 있을 때도 있고 그때그때 달라요. 바람이 세게 불면 덜컹거리는 소리도 나요.

악기 없이 연주를?

악기 대신 우리 주변에 있는 다양한 물건들을 이용해 연주를 해보는 놀이입니다. 악기가 있어야지만 음악을 연주할 수 있다는 고정관념을 깨고, 소리와 리듬의 세계를 재미있게 탐색해볼 수 있어요.

1. 각자 주변에서 재미있는 소리가 나는 물건들을 찾아옵니다. 냄비, 병, 파이프, 유리잔 등 어떤 물건이라도 좋아요.
2. 각자 가지고 온 물건을 두드리거나 바람을 불어넣어서 어떤 소리가 나는지 들어보고 서로의 소리를 비교해봅니다.
3. 높은 음이 나는 것과 낮은 음이 나는 것으로 물건을 나눠본 뒤 간단한 음계로 되어 있는 쉬운 악보를 골라 연주를 해봅니다.

물건들이 살아 움직여

이 놀이는요

움직이지 않는 물건들로 간단한 연극을 만들어보는 놀이입니다. 물건의 특성과 기능을 주의 깊게 관찰한 뒤 새로 알아낸 것들을 바탕으로 물건에 생명력을 불어넣어 독창적이면서도 일관성 있는 연극을 즉석에서 만들 수 있어요.

이렇게 놀아요

1. 주변에서 연극에 쓸 물건들을 모아 옵니다. 장난감을 비롯해 소품이나 생활용품 그 어떤 것이라도 좋습니다. 단, 손으로 쉽게 움직일 수 있는 크기와 무게의 물건들로 고릅니다.

2. 모은 물건들을 이용해 3분을 넘기지 않는 짧은 연극을 만들어
   봅니다. 이때 물건의 특성과 기능이 잘 드러날 수 있게 대사가
   없는 무언극 형태로 만듭니다.

예시 ✧✧ 연극 〈대단한 서커스〉

- **선택한 물건**   와인 따개
- **물건의 특성과 기능**

 - 양쪽 손잡이가 꼭 사람이 양팔을 크게 벌린 것처럼 생겼다.
 - 양쪽 손잡이 길이를 합치면 몸통보다 길다.
 - 손잡이가 자유자재로 오므라들었다가 쫙 펼쳐졌다 한다.
 - 몸통 끝에 날카로운 스크루가 있다.

- **설정**   서커스에서 인기 만점인 광대, '와인 따개'는 긴 팔을 가진 덕분
   에 저글링 묘기를 아주 잘한다.

광고를 만들어요

이 놀이는요

좋아하는 물건을 가지고, 15초짜리 광고를 만들어보는 놀이입니다. 물건을 홍보하기 위한 문구를 작성하고, 배경음악을 깔고, 영상을 찍는 등 다양한 창의적 활동을 동시에 경험할 수 있습니다.

이렇게 놀아요

1. 장난감, 음식, 악기 등 다른 사람에게 소개하고 싶은 물건을 선택합니다.
2. 평소 인상 깊게 봤거나 좋아하는 광고를 떠올려보고, 선택한 물건을 어떤 식으로 홍보할지 이야기를 나눠봅니다.
3. 15초라는 제한 시간을 염두에 두고, 꼭 알려야 할 것들을 정리해둡니다.
4. 핸드폰이나 카메라를 이용해 홍보할 물건을 여러 가지 버전으로 촬영해봅니다.
   * 배경 없이 물건만
   * 배경과 함께 물건 위주로
   * 직접 출연해 물건을 사용하면서

5. 여러 가지 버전으로 촬영한 영상 중에서 하나를 골라 그 영상에 잘 어울리는 홍보 문구를 만듭니다. 이때 홍보할 물건의 특성과 장점이 잘 드러나게 문구를 만들고, 사람들에게 쉽게 전달될 수 있게 여러 차례 다듬어봅니다.
6. 홍보 효과를 몇 배로 늘려줄 배경음악도 선택합니다.
7. 영상과 문구, 배경음악을 합쳐 15초짜리 광고를 완성해봅니다.

창의적인 아이 상상력이 폭발하는 생각놀이

지은이 | 필립 브라쇠르 옮긴이 | 김현아
펴낸이 | 곽미순 편집 | 박미화 디자인 | 김민서

펴낸곳 | 한울림 기획 | 이미혜 편집 | 윤도경 윤소라 이은파 박미화 김주연
디자인 | 김민서 이순영 마케팅 | 공태훈 옥정연 제작·관리 | 김영석
등록 | 1980년 2월 14일(제318-1980-000007호)
주소 | 서울시 영등포구 당산로54길 11 래미안당산1차아파트 상가

대표전화 | 02-2635-1400 팩스 | 02-2635-1415
홈페이지 | www.inbumo.com 블로그 | blog.naver.com/hanulimkids
페이스북 | www.facebook.com/hanulim 인스타그램 | www.instagram.com/hanulimkids

첫판 1쇄 펴낸날 | 2020년 3월 20일
ISBN 978-89-5827-124-6 13590

이 도서의 국립중앙도서관 출판예정도서목록(CIP)은 서지정보유통지원시스템
홈페이지(http://seoji.nl.go.kr)와 국가자료공동목록시스템(http://www.nl.go.kr/kolisnet)에서
이용하실 수 있습니다. (CIP제어번호: CIP2020009339)